新型职业农民培育教材

《热带亚热带果树高效生产技术》系列丛书

U0349555

火龙果

优良品种与高效栽培技术

◎ 刘友接　等 编著

中国农业科学技术出版社

图书在版编目（CIP）数据

火龙果优良品种与高效栽培技术 / 刘友接等编著. —北京：中国农业科学技术出版社，2019.6

（热带亚热带果树高效生产技术系列丛书）

ISBN 978-7-5116-4258-5

Ⅰ. ①火⋯　Ⅱ. ①刘⋯　Ⅲ. ①热带及亚热带果—果树园艺　Ⅳ. ① S667

中国版本图书馆 CIP 数据核字（2019）第 117417 号

责任编辑　徐定娜
责任校对　李向荣

出　　版　中国农业科学技术出版社
　　　　　北京市中关村南大街 12 号　　邮编：100081
电　　话　（010）82105169（编辑室）
　　　　　（010）82109702（发行部）　（010）82109709（读者服务部）
传　　真　（010）82106626
网　　址　http://www.castp.cn
经　　销　各地新华书店
印　　刷　北京富泰印刷有限责任公司
开　　本　710mm×1000mm　1/16
印　　张　5.75
字　　数　107 千字
版　　次　2019 年 6 月第 1 版　　2019 年 6 月第 1 次印刷
定　　价　32.00 元

# 资助项目

本图书的出版得到了以下项目的资助:

1. 福州市科技计划项目"红肉火龙果品种选育及配套栽培技术研究"（计划编号：2016-G-44 ）。

2. 福建省公益类科研院所基本科研专项"火龙果产期调节技术研究"（计划编号：2019R1028-12 ）。

3. 国家农业农村部特色作物良种联合攻关项目"火龙果国家良种联合攻关"。

4. 福建省农业科学院学术著作出版基金专项"火龙果品种和优质高效栽培技术原色图说"（计划编号：CBZX2017-14 ）。

5. 福建省公益类科研院所基本科研专项"果树优良品种基地建设与示范"（计划编号：2017R1013-9 ）。

《火龙果优良品种与高效栽培技术》
编著人员

主 编 著：刘友接

副主编著：张泽煌　熊月明　李洪立　刘代兴　高　玲

编著人员：杨　凌　梁桂东　孙清明　黄凤珠　洪青梅

　　　　　胡文斌　许位正　郑惠章　谢特立　郭凌飞

　　　　　叶燕丽　沈朝贵　曾丽兰　林栋良　庄文彬

　　火龙果在我国是新兴外来水果，属热带、亚热带肉质果树，果实营养丰富，性甘平，是一种低能量的水果，具有食疗、保健等多种功能，深受消费者喜爱。

　　火龙果集水果、花卉、蔬菜、保健为一体，有很高的经济价值。它生长迅速，投产早，见效快，效益高。火龙果有多次开花结果习性，果实成熟期从7月上旬至12月中旬，单株全年可采6～12批次果，果实鲜艳美观，果肉细滑多汁、味甜，通过产期调节可以周年持续不断地供应市场，栽培效益好。如果做休闲采摘，效益可以成倍增加。火龙果果实除鲜食外，还可酿酒、制罐头、果酱、冻干品、冰激凌、酵素、果醋、面条、果干等。火龙果花除观赏外，还可干制成菜、汤、花茶等。火龙果果皮可提炼食用色素，近年来发展迅速，深受我国种植者青睐。

　　近年来，从我国台湾地区及越南等国外引进了许多火龙果优良品种。另外，我国科研单位加大了火龙果选育种力度，也育出了许多火龙果优良品种，可供种植者选择的良种越来越多。在我国南方的广西壮族自治区、广东省、海南省、云南省、贵州省、福建省等省（自治区）的火龙果适宜区，果农仍在继续大面积扩种火龙果优良品种；在我国大江南北的其他省份，通过设施温控大棚均可种植，火龙果种植面积和产量在逐年增加，但是目前尚未改变进口的越南火龙果占据我国消费市场60%～70%消费量的尴尬局面。这对我国广大火龙果种植者来说，既是机遇也是挑战。因此，火龙果生产在我国具有广阔的发展前景。

　　为了适应火龙果产业化发展的需要，更好地普及火龙果丰产优质高效栽培技术，让广大果农更全面地了解我国火龙果优良品种及先进栽培技术，经过火龙果课题组多年收集、引进、栽培技术创新，课题组决定编写《火龙果优良品种与高效栽培技术》一书。我们把科研、生产经验图文并茂地汇集起来，把国内外的火龙果品种资源尽量完整、系统地介绍出来，并把火龙果产区收集的材料图片融合进来，进行撰写加工，力争让该书的内容更具有科学性、实用性和直观简洁，便于广大生产者阅读、参考和借鉴。

目　录 Contents

概　述

一、火龙果营养、药用及经济价值

1. 火龙果的营养、药用价值

火龙果 [*Hylocereus undulatus* Britt.]，又名红龙果、龙珠果、玉龙果、仙蜜果、情人果、芝麻果等，起源于中美洲，是仙人掌科（Cactaceae）量天尺属（Hylocereus undulatus）和蛇鞭柱属（Seleniereus mejalantous）的多年生攀缘性的肉质植物，属热带、亚热带果树。火龙果果实营养丰富，每 100 克火龙果果肉中含有水分 83.75 克，灰分 0.34 克，粗脂肪 0.17 克，粗蛋白 0.62 克，粗纤维 1.21克，膳食纤维 1.62 克，碳水化合物 13.91 克，果糖 2.83 克，葡萄糖 7.83 克，热量 59.65 千卡，维生素 C5.22 毫克，钙 6.3～8.8毫克，磷 30.2～36.1 毫克，铁 0.55～0.65 毫克和大量花青素（红肉品种最多），水溶性膳食蛋白，植物白蛋白等。

生产果园

火龙果性甘平，是一种低能量的水果，富含水溶性膳食纤维，具有减肥、降低胆固醇、预防便秘、大肠癌等功效，还有丰富的纤维，能够预防便秘。果肉中的白蛋白对重金属中毒具有解毒的功效；火龙果果皮含有的花青素能够增强血管弹性，保护动脉血管内壁，防止血管硬化；降低血压，预防贫血；美颜，减肥；抑制炎症和过敏，改善关节的柔韧性，预防关节炎；可以改善视力，抗辐射等，具有食疗、保健等多种功能；火龙果花中含有多糖、皂苷、植物甾醇等功能性成分，具有抑菌消炎、润肺止咳、降血糖、抗癌、美容养颜，延缓衰老等作用。

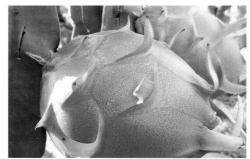

果实与果肉

2. 火龙果的经济价值

火龙果集水果、花卉、蔬菜、保健于一体，有很高的经济价值，它生长迅速，投产早，见效快，效益高。一般优质健壮的扦插苗 3 月定植后，在管理好的情况下，当年下半年会有部分植株少量开花结果，第 2 年开始投产，亩产可达 1500kg 以上；第 3 年进入盛果期，亩产高达 2500 千克以上。火龙果有多次开花结果习性，果实成熟期从 7 月上旬至 12 月中旬，单株全年可采 6～12 批次果，果实鲜艳美观，果肉柔软细滑，多汁，味甜，营养丰富，又有保健功效，通过产期调节可以周年持续不断地供应市场，栽培效益好。如果做休闲采摘，效益可以成倍增加。火龙果果实除鲜食外，还可酿酒、制罐头、果酱、冻干品、冰激凌等。火龙果花除观赏外，还可干制成菜、汤、花茶等。火龙果果皮颜色可提炼食用色素。

火龙果果肉冻干品

火龙果花茶

火龙果面条

火龙果烘干片

火龙果雪糕及冰激凌

火龙果干花

火龙果花羹汤   火龙果果酒

二、火龙果分布与生产现状

火龙果是新兴外来水果，属仙人掌科，原产于中南美洲的热带雨林，自然分布在哥斯达黎加、危地马拉、巴拿马、厄瓜多尔、哥伦比亚、尼加拉瓜、墨西哥、古巴等国家的热带雨林及沙漠地带，人工栽培遍及中美洲、以色列、越南、泰国、中国等国家，越南火龙果的面积和产量均居世界首位。其中黄龙果在哥伦比亚、厄瓜多尔等国家有大面积生产，其他地区则引种作特色栽培。

我国台湾早在 1645 年由荷兰人引入"量花种"栽培，因自交不亲和，加上栽培技术落后，结果率极低，大多数作为家庭隔离或观赏栽培。1983 年起，我国台湾陆续有不少人士自越南及中南美洲国家引入可自花授粉、大果优质的白肉及红肉品种之后，因枝条发根繁殖容易，幼年期短，产量高，产期长又分散，果实耐贮运且耐旱，病虫害少，用药少等诸多栽培上的优点，因此近年来掀起栽培的热潮，现有种植面积约 2.55 万亩（1 亩≈666.7 平方米，1 公顷 =15 亩，全书同），栽培技术已达到世界先进水平，并选育出了一些火龙果新品种如蜜宝、大红、富贵红、石火泉、蜜红龙等。

近十几年来，火龙果在中国大陆的广西壮族自治区（以下简称"广西"，全书同）、广东省、贵州省、云南省、海南省、福建省等省（自治区）兴起，至2018 年 6 月中国大陆发展面积超过 70 万亩，主要栽培省份基本情况如下。广西：

面积最大，约 23 万亩，在红水河以南区域分布，是我国商品量最大最重要的火龙果生产基地；广东：种植面积约 20 万亩，主要分布在粤西、珠三角及粤东，粤西为火龙果生产基地，珠三角为休闲观光采摘基地；贵州：种植面积约 12 万亩，主要分布在北盘江、南盘江、红水河流域的罗甸县等 6 个县；云南：面积约 6 万亩，主

火龙果丰产状

要分布在西双版纳傣族自治州（以下简称"西双版纳"，全书同）、红河（哈尼族彝族自治州）、玉溪及澜沧江流域，其中西双版纳的种植面积有 2 万亩，是云南的主要产区，特点是早熟；海南：面积约 6 万亩，分布于全岛各地，早熟，年收获期 8～9 个月；福建：是火龙果自然分布的最北缘区域，面积约 2.5 万亩，主要分布在福州以南的沿海一带（如福州、莆田、泉州、厦门、漳州等地）。除此之外，其余各省均有零星种植，均需设施大棚安全越冬，以休闲观光为主。火龙果主要栽培的品种有红皮白肉、红皮红肉和黄皮白肉 3 种类型，品质以红皮红肉和黄皮白肉类型为优。

火龙果规模化生产

火龙果标准化生产

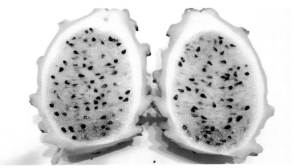

黄皮白肉

红皮白肉

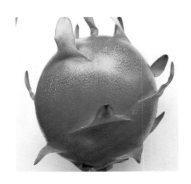

红皮红肉

三、发展前景

根据有关资料记载，2016 年，我国进口的新鲜火龙果高达 52 万多吨，进口总额达到 3.81 亿美元，其中，大部分是从越南进口，进口量和金额占比均为 99%，除了从越南进口外，还有小部分是从中国台湾进口。我国的广东、广西和云南是越南火龙果的主要销售市场。不过，据越南媒体报道，我国火龙果种植产业的蓬勃发展，已经给越南火龙果出口带来巨大挑战，目前我国火龙果种植面积达 4.7 万公顷，与越南种植面积基本相当。近两年来，我国火龙果产业正在异军突起，并逐渐成为国内水果家族中不可或缺的一部分。有专家指出，虽然目前我国国内火龙果霜冻威胁较大，生产成本相对较高，但是从品质来看，广西、海南等产区的火龙果新品种无论在品质风味、成熟度和新鲜度等方面，都要远远优于越南进口火龙果。随着国内火龙果产量和品质的提高，以及消费者对健康要求的提升，将会对越南火龙果在中国的销售造成较大冲击。我国南方有广阔的土地适合火龙果发展种植，因此，我国火龙果发展前景广阔。

广西特色水果创新团队首席专家陈东奎研究员认为，我国火龙果产业的发展态势及趋势有以下几个方面：一是我国火龙果市场消费潜力巨大，在未来 5～10 年内火龙果市场容量有可能扩大到 200 万～300 万吨，火龙果产业的社会关注度越来越高，对社会资金的吸引力越来越强，经销商的兴趣越来越浓，信心越来越足。二是火龙果面积高速扩张的势头在 2016 年出现阶段性钝化，许多老果园正

果肉　　　　　　　　　　　　　　　　果实

面临着更新换代，符合经济新常态的特点，有利于市场消化产能，有利于我国火龙果产业有序健康发展。三是火龙果价格回归理性是进行时，不久的将来市场竞争关键看质量和价格，提高火龙果果实质量和降低生产成本是主要任务。四是火龙果生产朝着规模化、标准化、品种多样化发展是必然趋势。五是营销手段多样化在未来很长一个时期内存在，比如大型批发市场、超市、连锁店、电商、休闲观光同时存在，同时营销手段升级将加速进行。六是质量意识进一步增强，管理标准化程度大幅度提升，产品质量提高明显，竞争力进一步增强。

我国火龙果产业的发展前景分析：一是市场供求问题缺口较大。火龙果作为热带、亚热带水果，种植区域有限。目前全球形成规模生产的国家仅 22 个，从中国大陆市场来看，目前国产火龙果鲜果生产能力不到总需求量的 30%。2016 年，我国从越南进口火龙果近 50 万吨，占该国产量的绝大部分，仍然无法满足需求。随着火龙果清甜低糖，营养保健的特点为越来越多的消费者所认识，预计未来几年的市场需求量还会有较大的增加。二是火龙果的生长特性有利于实现低风险高效益。火龙果具有多批次开花结果的特点，在我国栽培一年产果期长达 6～7 个月 12～14 批次，果品常温货架 5～8 天，低温保存期 30～60 天，在热带水果中为数不多，有利于减少集中上市，扩大销售范围，降低市场风险。火龙果通过肉茎开花，成果范围大，加上肉茎延伸灵活，通过架式改良可实现单产成倍增长。我国主栽的红肉果品质优良，比主要进口国白肉果竞争力强，效益必将更加可观。三是火龙果具有广阔加工转化和开发利用价值。火龙果果肉内含的红色素较耐高温，加工后不易变色变味，可以开发天然食用色素、酵素、醋、酒、食品点心、冷品饮料等多种食品。火龙果内含物如玉芙蓉、角蒂仙、三萜化合物、类黄酮、花青素类、胡萝卜素等具有抑菌、抗炎、免疫、降血糖、降血脂及抗癌等功效，是抗氧化剂的良好原料。火龙果集果、菜、花三类经济价值于一体，植株还有较高的观赏价值，可结合发展休闲观光产业，综合开发前景广阔。

四、存在问题与解决对策

1. 存在的问题

我国火龙果经过十几年的大力发展，许多问题逐渐暴露出来，当前火龙果产业存在的突出问题主要有以下几个方面。

（1）品种混乱，缺乏种性和产权鉴定

目前生产上所用品种主要来自民间引种，品种间系谱关系不清，同物异名或异物同名现象极为严重，影响其优良品种的快速推广，品种资源农艺性状鉴定与评价存在空白，品种选择上缺乏正确的指导，种质创新不足，品种培育选用后备资源不足。健康苗木繁育体系尚未建立，生产用苗基本取自生产园的枝条扦插繁育，种质劣性与病虫害持续相传，隐患较大。

（2）标准化栽培普及率低

技术研究和集成度不高，先进栽培技术尚未熟化，单项技术缺乏配套未成体系，影响技术推广普及和最佳效能实现。许多果农凭感觉和经验种植，技术措施难以统一，以致同一品种、同一产地，果实外观品质缺乏一致性，降低商品价值。病虫害日益严重，溃疡病、病毒病、茎斑病等有逐年加重的趋势，一些病害病源不明，防治效果较差。

（3）果园基础设施薄弱，产地贮运能力建设严重滞后

基础设施建设滞后，火龙果生产前期投入较大，按现行价格每亩超过 15 000元，导致部分业者生产建设难以兼顾。多数果园采用水泥柱单柱式栽培，未达单位面积最高株数。一些丘陵坡地果园水源建设不足，抗旱力弱，一些果园未完成坡改梯易导致水土流失。一些次适宜区种植未准备防寒措施，果树遭受低温冻害的风险较大。同时，产地的冷库建设严重不足，这给火龙果贮藏、销售带来很大压力。

（4）产业化程度仍然偏低

部分产区仍以农户经营为主，组织化程度较低。一些规模化经营的企业也大多各自为政，形不成区域性或全国性的大品牌，缺乏开拓国际市场的能力。多数产区采后处理和加工转化能力较弱，对火龙果深度开发的能力和档次都有待提高，火龙果的果花茎综合功能还没有充分挖掘出来。

（5）研究力量明显不足，区域布局规划滞后，有的不适宜区盲目种植，新品种自主培育能力不足，主要靠引进品种

火龙果作为新兴的外来特色小宗水果，我国各省（自治区、直辖市）农业研究机构投入的研究力量毕竟有限，对火龙果的区域布局缺乏统一规划，导致一些果农走弯路；目前，火龙果生产上的主栽品种主要是从台湾地区引进，自主选育的品种较少，供果农选择的品种不多，有待于研究部门进一步加强。过去种植的

红肉火龙果自然授粉结实率低，果实小，生产上要进行人工授粉，才能达到结果率高、果实大、品质好的目的，能够自己授粉的品种较少，老产区品种正面临着更新换代。

2.解决方案

针对我国火龙果生产上存在的诸多问题，我们将从以下几个方面着手解决。

（1）加强种质资源收集、创新与利用

科研单位对现有火龙果品种资源和原生种质资源进行收集、评鉴、整理，建立资源库，开展火龙果种质贮备。按照自花授粉型、高产型、大果型、耐贮型、抗寒型等不同目标和综合目标进行规划和推广。通过人工杂交育种、辐射诱变育种、生物工程育种等方法，开展火龙果种质资源的优化、重组和创新，不断培育新的良种，分级构建新品种的健康无毒种苗繁育体系，确保火龙果产业良性健康发展。

国家火龙果种质资源圃（南宁）

火龙果种质资源保存

（2）加快技术研发与集成推广

整合行业科技力量，对制约产业发展的关键技术联合攻关。重点突破高效授粉授精、疏花疏果、套袋技术、配方施肥、产期调节、生草栽培、病虫害综合防治技术为主的火龙果高产、优质、无公害栽培、采后预冷和冷链贮运、采后商品化处理技术研究等技术环节，整合形成标准体系和技术规范。建立信息共享平台，实现品种、基础数据、技术、市场、价格信息的共享，加速推广应用。

（3）加强商品化处理与深加工技术研发

根据火龙果各主要栽培品种的采后耐贮性能，研发安全高效火龙果采后处理材料、设备和技术规程，推广一批先进的无伤采收、防腐保鲜、预冷冷藏、气调包装、水分保持等实用技术。加强火龙果深加工及其综合利用技术研发，提高产品质量档次。加快突破火龙果功能成分开发利用，优化色素提取技术，推动加工精深化。

（4）加快推进经营服务机制创新

引导劳动力、资金、技术、土地等生产要素投入火龙果产业开发，推动适度规模经营，实现从小生产格局向专业化、区域化生产转变。发展了一批上规模的农业企业和家庭农场，建成一批上档次的加工企业，培育一批开拓市场的流通主体，形成完善的产业链条。壮大行业经营企业和经合组织的服务功能，建立以农业科研推广部门为支撑，公司和经合组织为主体的服务网络，自主开展技术研发培训、农资配送服务，产品收购外销，为产业发展提供机制保障。

火龙果规模化、标准化生产果园

（5）切实加强病虫和自然灾害防控

针对溃疡病、病毒病、茎斑病及一些不明病害逐年加重的趋势，及时组织专业部门检测鉴定，筛选有效安全的杀灭药剂。切实加检进口果品和调动运苗木的检疫工作，注重防范防止危险性病害、不明病害的进入和传播。切实加强高纬度和高海拔冻害防控，研发推广安全可靠简易节本的防寒防冻栽培措施。

火龙果生物学特性及对环境条件的需求

一、火龙果生长特性

1.根

火龙果属浅根型果树，无明显主根，须根发达，多活跃于2～15厘米浅表层土中；枝条易生气生根，攀缘根生长在茎节上，攀附于固定物往上生长。

火龙果浅根

火龙果气生根

2. 枝条

火龙果是多年生的肉质果树，生长旺盛，萌芽力和发枝力强；在气温较高地区，一年四季均可生长，无休眠期，且枝条生长快，一年生长超过10厘米。火龙果的叶片已经退化成刺，其光合作用靠枝条来完成，枝条呈深绿色、肉质、粗壮、多呈三角柱形或四棱柱形，进入盛果期后枝条的宽度可达10～18厘米。每段枝条凹处各长有短刺1～6枚。

火龙果枝条　　　　　　　　　　　　　嫩枝

短刺　　　　　　　　　　　　　　刺

二、火龙果开花结果习性

1. 花芽分化

在温度适宜条件下，火龙果在枝条凹处着生花蕾，花芽分化至开花一般需40～50天。

小花蕾

逐渐长大的花蕾

花蕾

含苞待放

花蕾分泌蜜露

2. 开花和授粉受精

火龙果的花瓣为白色。在福建省福州市火龙果产区，红皮红肉种火龙果始花期出现在 5 月下旬，终花期在 10 月下旬；红皮白肉种火龙果始花期出现在 6 月上旬，终花期在 10 月中旬。红肉品种较白肉品种始花期早开 15 天，末花期迟结束 15 天。火龙果晚上开花，一朵花只开 1 个晚上，次日早上太阳出来便凋谢，同一批花次第开放约 3 天。火龙果从现蕾到开花需 13~18 天，盛花期主要集中在 6—9 月。花期若遇持续性降雨，常导致受精不良，坐果率下降。红皮白肉种火龙果属于自交亲和型，自然授粉率为 100%；红皮红肉种火龙果老品种多数属于自交不亲和型，自花授粉坐果率仅为 10%~15%，人工授粉后坐果率可达100%。随着火龙果育种水平的提高，目前红皮红肉种火龙果新品种多属于自交亲和型，自花授粉坐果率均在 90% 以上，大大节约了生产成本。

燕窝果的花

红皮红肉果的花

火龙果的花

白玉龙的花

花药与柱头

争奇斗艳

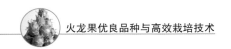
3. 坐果与果实发育

谢花与坐果

火龙果谢花后 3 天，花柱形态仍然存在，种子呈米色，果肉与种子粘连；谢花后 20 天，种子转成黑褐色，果肉与种皮易分离；谢花后 30 天，果皮颜色转红，芝麻状黑色种子为 3 000～10 000 粒；谢花后 25～30 天，果皮变薄，重量逐渐下降，果肉重量逐渐增加。火龙果植株每年开花结果 6～12 批次，同一株树上同时有 3～4 批果同时生长。夏季，从谢花到果实成熟需 30～35 天，约 15 天采收 1 批果；而 9 月份以后，随着气温下降，果实生长发育缓慢，成熟期逐渐推迟，从谢花到果实成熟需 40～55 天。

三、火龙果对环境条件的需求

1. 温度

火龙果原产于中美洲的热带雨林及沙漠地带，人工栽培遍及中美洲、以色列、越南、泰国、美国等 22 个国家的热带区域；喜高温，怕霜冻，适宜的生长温度为 25～35℃，温度低于 8℃或高于 38℃将停止生长，进入短暂休眠来抵抗不适宜的环境温度；温度过高会抑制花芽的形成，导致不开花；而 5℃以下的低温若持续较长时间可能导致冻害，幼芽、嫩枝，甚至部分成熟枝都可能被冻伤或冻死，-2℃植株冻害严重，-4℃植株冻死。有霜冻的地区栽培不但易出现寒害（冻害），也影响到果实品质，需要设施大棚方可安全越冬。

2. 光照

火龙果为喜光植物，良好的光照有利于植株的生长和果实品质的提高。火龙果对生长环境有很强的适应性；夏季烈日照射时间太长，如果火龙果枝条积累的温度得不到散发，可能会导致灼伤。因此，在阳光照射强烈的地区种植火龙果可适度遮阴，遮阴度不超过 50% 可促进火龙果的生长。

3. 水分

火龙果虽为耐旱植物，但缺水干旱会导致植株休眠而停止生长，同时空气湿度过低，也会诱发红蜘蛛等害虫为害和一些生理病害发生。火龙果具浅根性，不耐淹，果园需做好一套完善的排水系统。

深排水沟

4. 土壤

火龙果根系主要分布 2～5 厘米的浅表土层。火龙果对土壤的适应性较广，但以排水良好、疏松、透气、pH 值 5.5～7.5、有机质含量高的沙质壤土最为适宜。火龙果根系具有好气性，因此，透气不佳、酸度过大会导致根系死亡。

火龙果主要品种

　　火龙果是近年来国内兴起的外来特色水果，在我国进行商业栽培的火龙果主要有仙人掌科量天尺属的红皮白肉种、红皮红肉种，以及仙人掌科蛇鞭柱属的黄皮白肉种三类，生产上以自花授粉的红皮红肉种为主。不同火龙果品种特性不同，从口感和甜度上对比，红皮红肉果普遍比红皮白肉果甜度要高，口感要好，但抗病性和耐贮藏性方面，红皮白肉果更胜一筹。价格方面，红皮红肉果比同级别的红皮白肉果普遍高 2～3 倍。不同品种的红皮红肉果，收购价差异不大，果实品质好的种植户仍保持较好收益。每年 6—12 月，是正季国产火龙果上市高峰期，各品种间成熟期差异不大，这也让诸多种植户、尤其是种植大户除了以规模获取效益外，也以品质开拓市场。果实品质较稳定的品种倍受市场青睐。

　　火龙果作为速生型果树，一般种植第 2 年便可开花结果。目前国内火龙果种植总面积约 70 万亩，主要分布在我国南方的广西、广东、贵州、云南、海南、福建等省（自治区），种植品种十分丰富，下面我们简要介绍我国火龙果产区部分主要栽培品种情况。

　　1. 桂红龙 1 号

　　桂红龙 1 号（审定编号：桂审果 2014006 号）是广西壮族自治区农业科学院园艺研究所等单位从普通红肉火龙果的芽变单株中选育而成，自花授粉结实率 100%，果实长圆形，纵径 8.0～12.5 厘米，横径 7.0～12.0 厘米，鳞片浅绿26～32 枚，较长、中等厚，不反卷，鳞片顶部呈紫红色，果脐收口较窄且突出，脐深 1～1.5 厘米，不易裂果，单果重 400～900 克，平均单果重 553.3 克；果皮厚度 0.30～0.36 厘米，可食率 75%～80%，果心可溶性固形物含量 18%～22%，边缘可溶性固形物含量 12.0%～13.5%，果皮玫瑰红色，果肉深紫红色，肉质细腻，易流汁，味清甜，略有玫瑰香味，品质优良；种子黑色，中等大，较疏。

桂红龙 1 号果实　　　　　　　　　　　　果实纵切面

2. 美龙 1 号

美龙 1 号火龙果（审定编号：桂审果 2016008 号）是广西壮族自治区农业科学院园艺研究所等单位从越南引进的哥斯达黎加红肉和白玉龙杂交组合后代实生苗中筛选出优良单株，自然授粉结实，果实椭圆形，平均纵径 12.4 厘米、横径 8.6 厘米，平均单果重 525 克，果皮鲜红色，厚度 0.24 厘米，鳞片较长绿色至黄绿色，中等宽，呈长反卷；果肉大红色，可食率 76%，果肉中心可溶性固形物含量 20.1%，果肉边缘可溶性固形物含量 14.9%，肉质爽脆清甜微香，品质优良。

 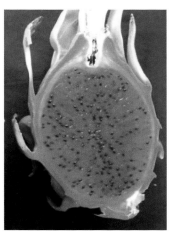

美龙 1 号果实　　　　　　　　　　　　果实纵切面

3. 桂热 1 号

桂热 1 号果实

桂热 1 号火龙果（审定编号：桂审果 2016009 号）是广西壮族自治区亚热带作物研究所等单位从桂红龙 1 号变异株中选育而成的优良品种，自花授粉。果实重量多数在 600 克以上，果皮鲜红色，果肉紫红色，鳞片不带刺，鳞片上下左右间距大，鳞片数比"桂红龙 1 号"少，鳞片基部比"桂红龙 1 号"宽，鳞片基部至尾部收缩幅度大，鳞片略短，鳞片基部红色，中上部暗红色；鳞片斑线不明显。

4. 嫦娥 1 号

嫦娥 1 号火龙果（审定编号：桂审果 2016010 号）是广西钦州市钦南区得源水果种植专业合作社从台湾嘉义县竹崎乡复金村引进的需人工授粉的普通红肉火龙果群体中，筛选出具有不需要人工授粉，自然授粉结实率高的芽变单株。果实近长圆形，果实中等大，纵径 11 厘米，横径 9 厘米，鳞片 31 枚、不反卷；不裂果，平均单果重 410 克，果皮玫瑰红色，皮厚 0.2～0.5 厘米，可食率 75.1%，果肉中心可溶性固形物含量 20.4%，边缘可溶性固形物含量 13.8 %；果肉深红色，肉质细腻，汁多，味清甜，品质优。

嫦娥 1 号火龙果

果实纵切面

5. 粤红 3 号

粤红 3 号（审定编号：粤审果 2016003）是广东省农业科学院果树研究所等单位从白水晶火龙果和莲花红 1 号火龙果的杂交后代中选育而成，果实圆球形，整齐均匀，平均单果重 285 克，果皮粉红色，皮厚 0.20 厘米，果肉白中带粉，肉质细软、清甜，可溶性固形物含量 14.1%，总糖含量 9.54%，还原糖含量 8.97%，可滴定酸含量 0.15%。田间表现对火龙果溃疡病具有较强抗性。

粤红 3 号果实　　　　　　　　　　粤红 3 号之花

6. 美龙 2 号

美龙 2 号火龙果是广西南宁振企农业科技开发有限公司从红翠龙的芽变后代中选育而成的品种，2014 年通过广西农作物新品种登记。生产上自然授粉结果率 92%，植株长势中等，枝条粗壮，略有波纹；果实近球形，果皮红色带紫，皮厚，鳞片宽；自然授粉结果率 90%，500 克以上的大果率约 61%，单果重 500～1 000 克，最大单果重 1 000 克以上；果肉紫红色，可溶性固形物含量 18%～20%，肉质细滑，味清甜，品质优；常温货架期 5～7 天，皮厚不裂果，成熟留树期 10～30 天；综合抗病力中等。

美龙 2 号火龙果生长状　　　　　　美龙 2 号火龙果果实

7. 粤红

粤红是广东省农业科学院果树研究所与连平县大福林农业有限公司合作从"莲花红1号"芽变体中选育出来的优良品种，2015年通过审定。果实椭圆形，整齐均匀，果大，80%以上单果重大于400克；果皮浅红色，鳞片较稀疏；果肉紫红色，肉质爽脆，可溶性固形物含量14.4%，酸甜适中，不易裂果、耐贮运。

粤红果实

粤红果实纵切面

8. 仙龙水晶

仙龙水晶是广东省农业科学院果树研究所和仙居果庄农业有限公司合作从"白水晶"与"莲花红1号"人工杂交后代中选育出的优良品种，2016年通过审定。单果重325.00克，白肉、肉质清爽、清甜，可食率78.85%，可溶性固形物含量14.5%。品质极优。

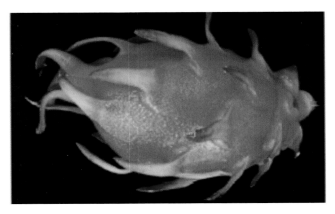

仙龙水晶果实

仙龙水晶枝条

9. 金都一号

"金都一号"火龙果（审定编号：桂审果2016007号）是广西南宁金之都农业发展有限公司从中南美洲火龙果原种与红肉种的杂交后代中选育而成，自花授粉，果实长圆形至短椭圆形，平均单果重524克，平均纵径11.2厘米、平均横径9.6厘米；果萼鳞片短且薄，顶部浅紫红色；成熟果皮深紫红色，厚度2.19毫米，果肉深紫红色，肉质柔软细腻多汁，果心可溶性固形物含量18.1%～21.2%，总糖（以葡萄糖计）10.2%，味清甜，总酸（以柠檬酸计）0.20克/100克，种子黑色，芝麻状，可食用，可食率70.3%～80.1%，品质优。目前在广东、广西、海南等省（自治区）有大量种植。

金都一号果实　　　　　　　　　　　果实纵切面

10. 大红

大红为台湾选育的品种，目前在我国大陆火龙果产区推广面积较大，深受果农喜爱。该品种自交亲和性强，平均单果重400克以上，果实近圆形，鳞片宽，短而薄，果心可溶性固形物含量20%～23%。果肉质地较松软，皮薄，品质优。

大红果实　　　　　　　　　　　　果实纵切面

11. 蜜红

为台湾选育的火龙果良种，自花授粉，果实长圆形至椭圆形，平均单果重650克，最大可达1 540克，成熟果皮深紫红色，较薄，厚度1.58毫米，果肉深紫红色，肉质软脆多汁，果心可溶性固形物含量18%～23%，总糖11.3%，味甜，总酸（以柠檬酸计）0.10%，维生素C10.3毫克／100克，种子黑芝麻状，可食用，可食率77%～83.3%，口感好，品质优。扦插苗定植后第1年部分植株初产果，第2年开始投产，株产4千克，第3年进入盛果期，株产6.6千克，无大小年。

蜜红果实　　　　　　　　　　　　果实纵切面

12. 富贵红（450）

为台湾果农选育的品种，自花授粉，果实椭圆形，平均单果重445.6克，最大可达1 000克以上，果皮较薄，厚度2.34毫米，呈玫瑰红，色泽艳丽，外着生有红色肉质叶状鳞片，边缘及片尖呈绿色，不规则排列，果肉紫红色，肉质软脆，汁多，果实可溶性固形物含量在不同果肉部位有明显差异，一般以果心处较高，可达16%～21%，产期越晚的果实糖度有提高的现象，黑芝麻状种子可食用，可食率68%～81%，品质优。

富贵红果实　　　　　　　　　　　果实纵切面

13. 白玉龙

由台湾地区引进，果实椭圆形至长圆形，平均单果重 425 克，最大果重 1 000 克。果皮紫红色，有光泽，厚度 2.23 毫米，其上着生软质绿色鳞片 22～28 片，细长、较薄，不规则排列；果肉白色，可溶性固形物含量 11.6%，总酸 0.61%，维生素 C 8.14 毫克／100 克，肉质清脆、多汁，甜中略带微酸，肉间密生黑芝麻状种子，种子细软，可食用，可食率 62%～71%，品质中等。

白玉龙果实

果实纵切面

火龙果苗木繁殖

一、实生苗繁殖

1. 播种时期及苗床的准备

播种盘

由于火龙果贮藏期较短，播种用的果实要新鲜，随采随播，因此播种期选择在秋季9月左右最为适合，苗床四周必须挖好排水沟，以免苗床积水，幼苗霉烂，苗床畦面上的土必须整平，将田园土、煤灰、锯木屑和猪粪按适当比例充分混合，配成苗床土，均匀地覆盖在平整好的畦面上，厚度为3厘米左右为宜。

2. 种子的采集

选择性状优良、无病虫害、生长健壮的植株上的成熟果实作为种果，摘取新鲜的果实，去除果皮，用纱布包好用手将果肉挤烂，放在清水中不断地冲洗，直到将果肉浆液冲洗干净，得到新鲜干净的种子。将种子放到干净的盆中，由于种子过小，播种时不易控制密度，容易导致种苗过密。因此，在播种时先用一定量的煤灰与种子充分混合，便于均匀地撒播种子，种子撒播后用配好的苗床土均匀的撒一薄层在种子上面，不能过厚，0.1厘米即可。

火龙果种子

播种

3. 幼苗的管理

种子播种后用遮阳网遮阴，以保持土壤湿度，在 25～30℃的条件下，5 天左右发芽出土，种苗出土后要注意通风，以防苗期腐烂病，同时保持一定的土壤湿度，以免苗木干死。苗木长到小指大小时要逐渐撤去遮阴物体，同时用育苗盘进行移栽。以后注意抹掉多余的芽，一株只留 1 个芽。火龙果幼苗的主要害虫是蜗牛和毛虫，要及时喷药和撒蜗牛药保护，或进行人工捕捉。苗期若湿度过大，易形成腐烂病，除注意通风换气外，必要时喷 800～1 000 倍液的多菌灵可湿性粉剂进行防治。由于实生繁殖容易发生变异，且生长缓慢，除品种选育上采取这种技术外，生产上一般不提倡实生繁殖。

播种

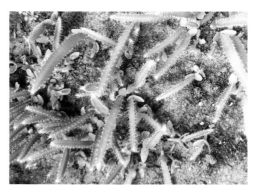

幼苗

二、扦插繁殖

目前，火龙果种苗繁育主要通过扦插途径来实现，扦插苗繁殖容易，能很好

修剪整齐的扦插枝

地遗传母株的优良特性，且繁殖材料来源广，在每年火龙果末批果实采收后，结果3年左右的老旧枝条需要更新修剪，为生产上的扦插苗繁育提供大量的枝条。繁育时，选择健壮、肥厚、生长势强、无病虫害、仍有数个有效芽体的老熟枝条，统一按照每段30厘米的长度进行剪切，用刀将枝条下端的插口茎肉斜切露出中间的维管束约1厘米，用杀菌剂进行处理，并放置于阴凉处让伤口干燥愈合。扦插时，可将插口沾取生根剂来促进生根，在我国南方，冬季气温较低，可用设施大棚进行育苗；春季和秋季气温比较适合发根；夏季高温，可用遮阳网进行防护。种植深度1～3厘米，注意保持土壤有适宜的含水量。经过精心培育，1～2个月后便可长出细根，供生产上种植。扦插繁殖由于技术简单，繁殖速度快，容易掌握，又能保持原有的品种特性，适合大面积推广。

扦插苗繁育

扦插苗出圃

三、嫁接繁殖

火龙果嫁接选择在晴天进行，在进行嫁接前要浇透水，作为接穗的火龙果枝条，不能太老，也不能太嫩，应选择中度成熟的健康枝条，嫁接方法主要有：平接法、插接法和靠接法。

平接法：即选择火龙果健壮的枝条作接穗，用刀横切成3～4厘米的茎段，待伤口风干，在砧木茎部往上20厘米处用横刀切成平面，把接穗与砧木的切面对准，使接穗和砧木有尽可能大的接触面，用棉线绑牢固定。

插接法：先将接穗横切成 3～4 厘米的茎段，再将接穗下端 2 厘米左右的一个方位的棱削去肉质部分，深度以接近木质部为原则，再在砧木茎部往上 20 厘米左右处用刀横切成平面，用小刀纵向把砧木的一个棱剖开，但不能削下，深度与接穗下端所削去的棱的长度相对应，将接穗插入砧木，使切口充分对准，用绵线将砧木和接穗绑牢固定。

靠接法：将接穗茎段下端两个方位的棱的肉质部分削去 2 厘米左右，深度以靠近木质部为准，再在砧木茎部往上 20 厘米左右处用刀横切成平面，用小刀削去砧木的一个棱，长度与接穗下端所削去的棱的长度相对应，深度仍以接近木质部为准，将接穗剩下的棱放于砧木削去的棱的位置，与砧木靠在一起，切口应充分对准，用绵线将砧木和接穗绑牢固定。

火龙果嫁接苗适应性及抗逆性较强，尤其是抗根腐和茎腐病的能力较强，又能保持原有品种特性，因此，目前市场上火龙果嫁接苗价格较一般扦插苗高出一倍。但由于嫁接操作较麻烦、管护条件要求较高、繁殖较慢，不能满足目前火龙果苗大量需求的需要。但是，随着苗木需求量的不断减少，要求苗木质量也越来越高，嫁接苗将成为以后火龙果苗的主体。

嫁接苗生长情况

火龙果建园

一、园地选择

火龙果是热带、亚热带水果，耐旱、耐高温、喜光，对土质要求不高，平地、山坡、砂石地等均可种植，最适合的土壤 pH 值为 5.5~7.5，但在有机质含量丰富的沙壤土、红壤土，排水性好的土地种植，产量较高。火龙果忌霜冻，不宜在冬季气温长时间小于 8℃的区域发展。因此，我国南方适宜种植火龙果的区域广阔，目前已有广西、广东、贵州、云南、海南、福建、台湾等省（自治区）大力发展火龙果。福建是火龙果自然分布的北缘区域，我国其他省（自治区）种植均需通过温控的设施大棚来实现安全越冬。

火龙果果园选择地点需要考虑当地的温度、光照、排灌和生产条件等诸多因素，并且要远离工业污染源，尽量避开土壤黏重的高水位平地和渍涝严重的凹地。

土地整理

畦面整理

山地果园

二、搭架栽培

火龙果枝条呈三棱柱或四棱柱状，枝条上长有气生根，枝条靠气生根吸附于固定物向上攀缘生长，因此，火龙果生产需要采用搭架栽培。目前，火龙果搭架栽培方法有很多，生产上常见的模式主要有 5 种：立柱搭架栽培、A 型管架式稀植栽培、A 型管架式密植栽培、T 型搭架栽培、双杆式搭架栽培、越冬防寒的搭架栽培等。

1. 立柱搭架栽培

柱状栽培所采用的柱子材料主要为石柱或水泥柱，水泥柱的柱行距：平地 2.5 米×2.5 米，每亩竖水泥柱约 106 根，每亩种植 424 株，水泥柱规格 10 厘米×12 厘米×200 厘米，水泥柱植入土中 50 厘米左右，周围用石头或者水泥浆固定，水泥柱地上高度约为 150 厘米。在水泥柱距离上端约 5 厘米处预留两个对穿孔，用径粗 1.2～1.5 厘米、长 60 厘米左右的钢筋穿过后形成十字形，上置 1 个废弃轮胎并固定住或在柱顶加 1 个直径 70 厘米的铁圈固定；火龙果植株长至与水泥柱平行时将头剪掉，此时植株就不往上长，将会横向发出很多横端枝茎，往下垂，十字架轮胎是用于支撑下垂的叶茎和果实的。这种栽培方式适合露地栽培，成本较低。

柱状栽培果园

2. A 型管架式稀植栽培

在 A 型管（厚度 0.12 厘米，直径 1 寸）架支撑下，A 型架地面两脚撑开距离 70 厘米，两根钢管交叉点垂直距离地面 1.7 米，相邻 2 个 A 型架相距 2.4 米，一畦种 1 行火龙果，行距 3.1 米，株距 0.6 米，每亩种植 358 株。为了充分利用土地，在第 1 年、第 2 年果园空地间种西瓜、花生等经济作物，获取一些较低的经济收入，并且可以防止水土流失。

A 型搭架　　　　　　　　　　　　　　　**A 型管架栽培**

3. A 型管架式矮化密植栽培

一畦宽度 1.7 米，畦间沟宽 0.5 米，在 A 型管（厚度 0.12 厘米，直径 1 寸）架支撑下，A 型架地面两脚撑开距离 65 厘米，两根钢管交叉点垂直距离地面 1.2 米，相邻 2 个 A 型架相距 1.7 米（用钢管连接），一畦种 2 行火龙果，行距 50 厘米，株距 15 厘米，每亩种植 4 040 株。该栽培模式便于机械化操作，充分利用土地空间和光照，在较短的时间内获得较高的产量和经济效益，并长期保持在高产、稳产、高经济效益的状态。

A 型管架式矮化密植

矮化密植果园

4. T 形搭架栽培

T 形架主要由一排若干个纵向平行的 T 形架通过中间一条钢管焊接和两端钢丝绳连接而成，具体做法是：将一根水泥柱立于畦中间，竖直入地 100 厘米，入土的水泥柱周边用石头和土填埋固定，在距离顶端 10 厘米处留有一个横孔，用一根长 70 厘米的螺纹钢筋横穿，与水泥柱形成 T 字形，露在水泥柱两边的钢筋长度均为 30 厘米，并用其他填充材料将孔隙塞紧，相邻的两个 T 形架间距 150 厘米，然后用一根镀锌钢管焊接在横向螺纹钢与水泥柱交叉处，将纵向的数个 T 形架连接固定在一起，在钢筋两端上方各焊接一个 U 形的钢丝绳卡头，与 T 形架处在同一个平面上，在一排 T 形架的首尾两端，分别用两段钢管将首尾两个 T 形架的横向钢筋的末端与其相邻的 T 形架的横向钢筋靠近水泥柱 10 厘米处焊接在一起，将镀锌钢丝绳将同一排 T 形架两端的 U 形槽连接在一起，拉紧，在钢丝绳两端的接头处用钢丝绳卡头绞紧，并在每个 U 形槽内的钢丝绳上方放入卡片，并将两脚的螺帽锁紧，把钢丝绳牢牢地固定在每个 U 形槽内。

T 形搭架

T 形搭架栽培

5. 双杆式搭架栽培

双杆式搭架栽培的架子主要由一排若干个纵向平行的梯形架通过两条平行的钢管焊接而成，具体做法是：将 2 根石条成等边梯形状斜插入土中，石条周边用碎石块固定，梯形两顶端相距 60 厘米，下端两脚相距 80 厘米，石条上端垂直距离畦面 120 厘米，梯形上边用一根 60 厘米长的圆形钢管将石条两顶端的螺丝焊接连接固定在一起，该梯形架与纵向相邻梯形架间距 150 厘米，两个梯形架两端分别用 2 根钢管焊接在一起，依此类推，一排梯形石条钢架就此成形，定植时，在下端两脚中间种植一排火龙果优质扦插苗，株距 50 厘米，并在扦插苗边上插一根竹竿，用布条将火龙果主枝绑在竹竿向上生长，当火龙果主干长至 120 厘米高时，打顶促进侧枝萌发向两侧钢管方向（靠近钢管）生长，并将侧枝用布条固定在钢管上，当侧枝靠在边上钢管下垂生长约 80 厘米时打顶促进侧枝老熟生长。

双杆式搭架

双杆式搭架栽培

6. 越冬防寒搭架栽培

由一排若干个插地平行 U 形钢架通过 4 根横向钢筋相互焊接而成，这 4 根横向钢筋除了连接固定、保证架子整体的稳定性外，最顶上的横杆在盖塑料膜时还起支撑作用，中间横杆还起着支撑火龙果植株作用，所承受的作用力较大，左右两边最下方两根横杆还作为火龙果下垂枝条依靠用，整个所有搭架材料均为螺纹钢，弯成 U 形，每个 U 形架的肩部用钢筋相连焊接，两个相邻 U 形架肩部中间用螺纹钢焊接，各个连接点均用电焊焊接固定，保证整个架子的稳定性。在冬天气温较高、冻害程度较轻的地方，可以白色用塑料布将整个架子半包至最下端横杆，用透明胶或自锁式尼龙扎带将塑料布固定在最下端横杆上，主要防止偶尔发生的霜降直接接触到火龙果枝条，避免发生冻害。待翌年春天气温升高时，卸下塑料布回收入库再利用，然后将移离横杆的枝条重写均匀地披在最下端两边的横杆上，开始新一年的火龙果生产。

防寒搭架

塑料布防寒

防寒效果

防寒搭架果实生长

三、设施栽培

火龙果作为热带亚热带水果，除了适宜区可以大量露天种植外，在不适宜区则要通过设施大棚才能安全越冬，在更寒冷的地方则要通过人工增温实现过冬。目前，在我国许多火龙果不适宜的地方，通过大棚种植火龙果，利用火龙果一年多批次开花结果的特性开展乡间休闲采摘活动，活跃了地方经济，增加了果农的收入。

设施大棚鸟瞰图

设施大棚

大棚定植

大棚种植情况

大棚内光诱导

智能温控大棚栽培

大棚栽培

大棚密植

四、定植

　　火龙果肉质须根发达，无主根，根系大量分布在浅表土层，同时枝条长有大量的气生根，土壤露透气性好，故种植时以浅植 3～5 厘米为宜。种植前要在 A 型架正下方挖一条深约 10 厘米、宽约 20 厘米的定植穴，穴内施入腐熟有机肥与土壤拌匀，有机肥施用量 1.5 千克／株，按株距间隔插竹竿，每根竹竿旁种植 1～2 株健壮的扦插苗，引导植株上架，每隔 30 厘米用布条绑缚。

露天土地整理

棚内土地整理

露天定植

大棚定植

稻草覆盖

火龙果果园管理

一、火龙果土肥水管理

1. 土壤管理

（1）除草和间种

火龙果新园初期可用人工除草，行间空地可间种短期经济作物，既可改良土壤，增加有机质，提高地力，减少杂草，也可提高土地利用率，增加经济收益，套种的经济作物品种有花生、西瓜、蔬菜等。

行间套种

套种菠萝

套种西瓜

套种花生

（2）培土

火龙果根系分布浅，在每次暴雨过后，畦面土壤遭到不同程度冲刷，生产上可根据根系裸露情况及时培土，保证根系正常生长。

（3）生草栽培

当火龙果的主枝长到 A 型管架横管后，提倡生草法栽培，以利保水保土。园地有目的地套种绿肥，不但可以保温湿、提高土壤肥力、改善小区环境，而且可以抑制杂草生长，起到"生草覆盖"的作用；果园绿肥以白花草、豆科白三叶、紫花苜蓿、假花生等为宜。当生草生长到一定高度时，对果园进行割草压青，用割草机或人工剪去徒长部分，留茬 10 厘米左右，将剪下的生草覆盖于畦面，增加土壤腐殖质，提高土壤肥力，改善土壤结构，有利于火龙果的生长发育。

生草栽培

（4）覆盖栽培

火龙果行间空地覆盖黑色无纺布或孔隙密度大的黑色遮阳网，抑制杂草生长；畦面上可以用稻草、谷壳等覆盖树头，可以防草保湿。

覆盖地膜和谷壳

覆盖海蛎壳

覆盖地膜和基质

2. 幼年树施肥

幼龄树（1～2 年生）以氮肥为主，做到勤施薄施，以促进植株生长。种植后 1 个月植株长新芽时，开始浇水溶性尿素 1 000 倍液，每株 2.5 千克，离树头 10 厘米处淋施，每隔 10 天 1 次。种植后 6 个月，淋施尿素（或复合肥）800 倍液，每株 2.5 千克，离树头 15 厘米处淋施，每隔 20 天 1 次。

3. 成年结果树施肥

成年树（2 年生以上）以施有机肥为主，化学肥料为辅。每年 3 月、7 月和 11 月进行施肥，在畦面上每次植株撒施腐熟有机肥 5.0 千克 + 复合肥 0.3 千克 + 尿素 0.15 千克，生产上可视植株长势情况作适当增减施肥量和次数，先施复合肥和尿素，后施有机肥覆盖。每批幼果每隔 7 天根外喷施或浇灌 1 次 0.3% 磷酸二氢钾、核苷酸或氨基酸等叶面肥 800 倍液，以增加树体养分，提高果实产量和品质。

有机肥待施

施化肥

施有机肥

施肥后的果园

4. 水分管理

火龙果较耐干旱，定植初期每 2～3 天浇水 1 次，以后保持土壤潮湿即可。火龙果浇水可以结合施水溶性肥进行，生产上采用滴灌或低头微喷灌的方式，将水溶性肥料溶于水中喷施。其中以低头微喷灌效果最好，能使土壤湿度均匀，对攀缘根也有明显的促进生长作用。雨季注意果园及时排水防涝。

施肥一体化系统

滴灌系统

喷灌

蓄水池

果园积水

二、火龙果整形修剪

1.幼龄树整形修剪

火龙果枝条生长快，分枝力强，由枝条上长出不定根攀缘竹竿向上生长。为促进主枝的快速生长，主枝攀缘至 A 型架横向钢管前，幼苗期应剪除所有侧芽，每株苗仅保留一个向上生长的健壮枝，剪掉其他分枝；每隔 30 厘米左右用柔软的布条将主枝绑缚在竹竿上，让枝条沿着竹竿攀缘向上生长。当枝条超过横向钢管时，将枝条弯向横管同一方向生长，用布条绑缚在横管上，当枝条生长至另一相邻植株时打顶，促进侧枝（结果枝）生长，当侧枝下垂生长至 70 厘米时，并让它依在下方横管的靠架上，打顶促进结果枝老熟。整个果园管理依此类推，经过 1～2 年的培养，火龙果丰产型冠幅逐渐形成。

幼树整形

整形

2. 成年丰产树整形修剪

A 型架横管上的结果母枝第 1 年留 3～5 根结果枝，让其下垂依靠在横架上
生长，待长至 70 厘米，剪去顶端，促其老熟，果园进入初产期；A 型架横管上
的结果母枝第 2 年留 12～15 根结果枝，让其下垂依靠的横架上生长，分布均匀，
有阳光照射，待长至 70 厘米，剪去顶端，促其老熟，形成丰产型结果枝组，果
园进入盛果期。每年修剪两次。春剪于 2—3 月进行，剪除病虫枝、瘦弱枝、徒
长枝和过密枝，以减少养分消耗和促进光照，积累营养，为保留枝条的花芽分化
及开花结果打下良好基础。秋剪于 11 月中旬进行，待末批果采收结束后在枝条
基部留 3～5 个芽刺剪除结果 3 年以上的衰老枝、病虫枝、过密枝及徒长枝，保
留分布均匀、有阳光照射、健壮的枝条，促进其萌芽、生长和老熟，为来年开花
结果打下良好基础。

适时修剪

修剪

丰产型果园

标准化生产果园

三、火龙果花果管理

1. 人工授粉

生产上种植需要人工授粉的红肉火龙果老品种时,因花器官构造上的差异或自花不亲和性等原因,需要借助人工来辅助授粉,使授粉果坐果率大大提高,果实品质和产量也得到显著提高;此外,根据花粉直感效应,自然授粉的红肉火龙果品种可以选择用其他火龙果良种的花粉为其进行人工授粉,可以显著提高果实品质和产量。人工授粉是在花朵盛开 20:00—24:00 进行,用授粉器将收集好的花粉涂到柱头上,保证坐果率、大果率、好果率及果实的品质的提升。

花粉多

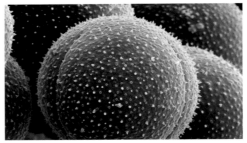

电镜下的花粉形态

2. 疏花

火龙果具有多批次开花结果的特性,结果性好,每株年开花 6～10 批次,甚至更多,每根枝条可以同时现蕾 2～8 个,若让其自然生长,多数花蕾在现蕾 10 天左右变黄脱落,最终能成花者仅 1～3 个,浪费树体大量营养,因此,火龙果疏花主要是疏花蕾,在现蕾后 5 天进行,疏去生长不良、连生、瘦小、畸形的花

蕾，每根结果枝只保留 1～2 个生长健壮的、有阳光照射的花蕾，花蕾长成花苞
后，可再疏除 1 次，只留下 1 朵花。

疏蕾前

疏蕾后

含苞待放

3. 疏果

谢花

火龙果花朵授粉授精后，子房开始增大，谢花后第 5 天左右拔除已凋萎的花瓣（保留柱头及子房以下的萼片）。待坐果稳定后，开始疏果，疏除衰弱果、荫蔽果、畸形果、密生果、病虫果、受伤果等。进入盛果期的火龙果植株，一株树上会有 4～5 批不同生长发育时期的幼果同时存在，当每一批幼果发育至横径达 3～4 厘米时开始疏果，每根结果枝只保留 1 个发育饱满、颜色鲜绿、有阳光照射、无损伤及无畸形而又有生长空间的幼果，同一批同株留 3～5 个幼果为宜，其余的疏除，各枝条根据生长情况分批次留果，以集中养分，促进果实正常生长发育，保证果实的高品质。

拉花

幼果

疏果后

1 枝 1 果

4. 套袋

为了防止果蝇、金龟子、椿象类等害虫与蜗牛、黄蜂、鸟类等动物为害，减少被风刮伤、日光暴晒及人为损伤，保持果面清洁和着色均匀，提升果实的品质和商品价值，火龙果生产采用套袋措施。套袋时间宜于谢花后 7 天疏果后进行，套袋前喷 1 次杀虫杀菌剂，如甲基托布津 800 倍 + 高效氯氰菊酯 700 倍液。套袋时，选择黑色网袋或牛皮纸袋套果，用小橡皮筋扎紧袋口。

橡皮筋

黑色网袋

蓝色套袋

白色套袋

四、火龙果低温伤害及预防

1. 低温伤害症状表现

火龙果是典型的热带、亚热带植物，喜温暖湿润，耐高温不耐低温。火龙果最适宜生长发育温度是 25～35℃，当环境温度低于 10℃ 或高于 38℃ 时，火龙果进入休眠，细胞分裂处于停滞状态，植株停止生长以抵御低温和高温胁迫。

当环境温度达 8～15℃ 时，火龙果嫩梢可能出现"冷害"，冷害可导致生长发育的机能障碍，嫩枝可能出现铁锈状斑点。

当最低温度达 0～8℃ 时，火龙果可能遭受"寒害"，寒害可造成可造成生理的机能障碍，1～2 年生枝条可能出现散发性的黄色霜冻斑点，严重的可导致植株死亡。

当外界气温处于 0℃ 以下时，火龙果成熟枝条可能遭受"冻害"，冻害引起火龙果组织脱水而结冰，老枝条可能出现组织伤害或死亡。

嫩枝冻害

老枝冻害

枝条结冰

冻死的植株

冻废的果园

枝条冻害

冻后修剪

2. 火龙果低温伤害预防措施

根据天气预报做好预防措施。在霜冻发生较高的时间，密切关注当地的天气预报，预测霜冻发生时间，及早采取保护预防措施：

气象测报

气象数据采集

（1）覆盖法

可采用稻草、塑料薄膜或者遮阳网整株严密覆盖，减少有效辐射和植株散热，缓和温度下降造成的影响，待气温回升稳定后再撤出。

塑料薄膜和稻草覆盖防寒 北方增温大棚

（2）熏烟增温

在易发生霜冻的果园，使用防霜烟雾剂，在霜降当晚上风口处点燃，使浓烟覆盖全园，让烟雾笼罩全园上空。

3.火龙果低温伤害后恢复措施

①寒潮过后及时剪除受害枝条，防止腐烂部分继续往下蔓延。对于2年生以上局部受害的枝条，本着能保就保的原则进行修剪。只要韧皮部、木质部不受害，在其上部的枝条仍能生长发育良好。

②对于发生霜冻的，要在太阳出来前（霜冻开始融化前）及时喷大量水清洗。

③喷施药剂，防止病害的发生。

④及时施速效肥料，在立春后及时追施以速效氮肥为主的肥料，促进新梢萌发，尽快恢复树形树势和开花结果的能力。

五、火龙果产期调节技术

火龙果是感光果树，每天日照时数需达12小时方可进行花芽分化，同时，火龙果也是感温果树，花芽分化对生长环境温度要求在15℃以上。因此，在生长环境温度达15℃以上时，采用延长光照时间，通过光诱导成花，可以使火龙果在11月至翌年的4月间继续开花，增加火龙果生产批次，达到产期调节的目的。

果园夜间补光

补光系统

花蕾现出

促花蕾

大量开花

六、采收

成熟果实

火龙果的成熟期随着季节、地理位置和品种的不同而有差异。夏、秋季是收摘火龙果旺季，在福建闽南地区，每年火龙果果期在6—11月，发育期为30～50天，谢花后26天左右，果皮开始转红，之后7～10天便开始采收。在闽南地区，夏季火龙果的采收时间一般为谢花后30～35天，秋季火龙果采收时间宜为谢花后45～50天。采收在晴天早晨、露水干后进行。采收时，用果剪从果柄处上下各剪1刀，剪断并附带部分肉茎，采收搬运过程注意避免碰撞和挤压造成机械损伤，影响外观，同时避免暴晒等。

丰收果园

收获果实

完全熟果实

火龙果主要病虫害防治

一、火龙果病害

火龙果生产上主要病害种类有：溃疡病、茎腐病、疮痂病、炭疽病、枯萎病等，其中溃疡病、茎腐病、疮痂病、炭疽病发生相对较为普遍，溃疡病、炭疽病易发生在高温、高湿的春夏季节。下面简要介绍生产上常见病害的发生及防治。

1.茎腐病

［为害症状］

以镰胞菌感染茎部组织，使组织变褐色、软化，病斑处凹陷，茎边缘常见缺刻状，有时组织溃烂，仅剩中央主要维管束组织。

茎腐病枝条

［防治方法］

①保持果园通风良好，使病菌孢子无法利用茎表皮残留的水分发芽。

②茎部修剪后用广谱性杀菌剂如噻菌铜和咪鲜胺等喷施保护切口，防止感染。

2.基腐病

［为害症状］

主要危害枝条，在基部常发生腐烂，使组织变褐，后期出现只剩中央主要维管组织，腐烂部位常呈干腐状。

基腐病树头

枝条发病

[防治方法]

①做好果园土壤的清洁管理，避免将修剪下的病枝或病果等腐烂田间成为传染源。

②清除果园杂草，在近枝条附近避免施用触杀性除草剂，防止除草剂危害枝条表皮组织造成伤口。

3. 疮痂病

[为害症状]

主要危害枝条，在其表面出现不规则的砖红色坏死斑或铁锈坏死斑，略突起，严重时伤及肉质部，影响植株正常的生长。

[防治方法]

可用农用链霉素、氯霉素和石硫合剂等进行喷施，10天喷1次，连续防治2次，用药时注意多种药剂轮换使用。

4. 炭疽病

[为害症状]

主要危害火龙果枝条和果实。枝条表面发病初期为黑褐色或红褐色突起的小斑点，逐渐发展为黑褐色圆形病斑；成熟果实在转色时，才会被感染，一旦果实受染病，果面呈现凹陷及水浸状，凹陷病斑呈现淡褐色，病斑会扩大。

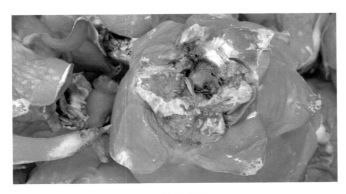

炭疽病果

炭疽病枝

［防治方法］

①及时刮除枝条发病部位，收集病残物集中做无害化处理，增施磷、钾肥，避免施用未完全腐熟的土杂肥。

②轻病枝条用刀挖除肉质病部，切口喷 50% 多菌灵。

③在 11 月气温开始下降、炭疽病发病前，用多菌灵 600 倍和爱诺链宝 2 000 倍（或链霉素）混合液进行全园喷雾预防，发病期再根据果园发病情况喷 2～3 次进行防治，视病情隔 10 天左右防治 1 次，共 2～3 次。

5. 枯萎病

［为害症状］

主要危害枝条，使之失水褪绿变黄萎蔫，随后逐渐干枯，直至整株枯死，最早出现在植株中上部的分支节上，起初是枝条的顶部发病，逐渐向下蔓延。

［防治方法］

用波尔多液、70% 甲基托布津可湿性粉、代森锰锌和石硫合剂等进行喷雾，15 天喷 1 次，连续喷 3 次，注意药剂轮换使用。

枯萎病植株

6. 溃疡病

［为害症状］

主要危害茎和果实（俗称"花皮果"），发病始于幼嫩茎部，初期圆形凹陷褪绿病斑，逐渐变成橘黄色，严重时整条肉质茎上布满病斑，后期呈灰白色突起，形成溃疡斑，其上产生黑色分生孢子器，严重时茎部完全腐烂。果实受侵染，鳞片和果实表面出现圆形凹陷褪绿病斑，逐渐变成橘黄色，随着成熟黄色病斑突起，呈灰白色，形成溃疡斑，其上着生分生孢子器。

［防治方法］

①繁殖的种苗可用 50 毫克／升的多菌灵可湿性粉剂药液浸 10 分钟，再进行定植；而繁殖的苗圃可喷波尔多液，10～15 天喷 1 次，共 2 次。

②全园喷可杀得 350～400 倍液可杀得或等量式波尔多液，10 天 1 次，连续 3 次。

溃疡病枝条

溃疡病果

③若发现枝条有腐烂现象，轻者用刀刮除烂部，重者剪去一段病枝，收集作无害化处理，防止病菌传染，再喷可杀得350～400倍液防治。

7. 煤烟病

[为害症状]

煤烟病常见于火龙果枝条、果实上。早期枝条、刺座发生小霉斑，暗褐色，随病情成长黑霉渐渐充满枝条，似覆盖一层煤烟灰；果实受到伤害，鳞片尖、果面有一层黑霉覆盖，影响光合作用。在高温多湿、透风不良、荫蔽潮湿和蚜虫、介壳虫等排泄蜜露的益虫高发时，容易发病。

鳞片煤烟病

果面煤烟病

[防治方法]

①科学修剪，剪除病残枝及徒长枝，保持透风透光，增施无机活化养分如海力宝等，增强植株免疫力。

②及时防治介壳虫、蚜虫。可用 50% 多菌灵 800 倍液、代森锰锌 1 000 倍、30% 嘧霉胺 1 200 倍液等进行防治。

③冬季修剪后，喷波美 3°～5° 的石硫合剂，消除越冬病源。

8. 枝条逆境伤害

在台风过后或冬季气温骤降，枝条在 1～3 天迅速出现非病害性白斑，表面凹陷，若面积过大，将因光合效率降低而影响生长发育，情况严重时，白斑转黄，随后枝条干掉，若碰到阴雨天气，发病部位会发黑腐烂，需喷杀菌剂预防；2～3 个月枝条会逐渐恢复生长，发生期内开花结果能力下降，生产没有产量，发生原因可能与逆境胁迫有关。

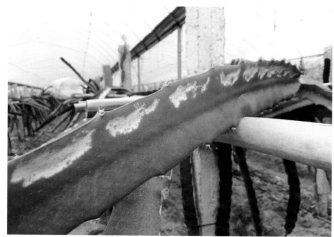

受害较轻枝条

伤害严重枝条

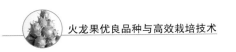

9. 日烧病

日烧病是火龙果生产上常见的一种生理性病害，常发生在炎炎的夏日，主要是枝条向阳面遭受伤害，初期是枝条表面褪绿，逐渐变黄，严重时会导致枝条腐烂，影响开花结果，降低产量。预防方法：在夏季，在枝条上方部分遮盖黑色遮阳网，防止枝条晒伤，早晚及时补充水分。

日烧枝条

日烧果园

遮阳防日烧

二、火龙果虫害

火龙果生产上主要害虫种类有：果蝇、堆蜡粉蚧、金龟子、红蜘蛛、蜗牛类害虫等，其中有果蝇、蜗牛类害虫发生相对较为普遍，蜗牛类害虫易发生在雨水较多时节。下面简要介绍常见虫害的为害及防治。

1. 果蝇

［为害症状］

当果实成熟果皮转红时，果蝇会产卵在将成熟的果实表皮内，孵化的幼虫取食果肉，导致裂果、烂果。

果蝇受害果

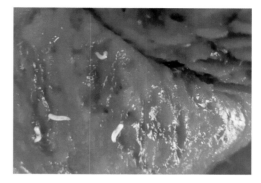
果蝇幼虫

［防治方法］

①在冬季或早春松翻园土，减少虫口基数。

②在盛发期，夜间用拟除虫菊酯类农药 2 000 倍液，或 90% 敌百虫 800 倍液加 3%～5% 的红糖喷洒树冠，连喷 3 次，间隔 7 天。

③将浸过 97% 甲基丁香酚加 3% 二溴磷溶液（按 95：5 的比例配成）的小纸片悬挂于树上诱杀成虫，每平方米挂 50 块，每月挂 2 次。

挂瓶诱虫

④在谢花后第 5 天即可进行套袋，以防成虫产卵，确保果实品质。

2. 蚜虫

［为害症状］

蚜虫分有翅、无翅两种类型，体色为黑色，以成蚜与若蚜群集于火龙果嫩茎、花和果实上，用针状刺吸口器吸火龙果植株的汁液，使细胞受到破坏，生长失去平衡。蚜虫为害时排出蜜露，会招来蚂蚁取食，同时还会导致煤烟病的发生。

蚜虫为害花蕾　　　　　　　　　　　蚜虫为害幼果

［防治方法］

①农业措施，有条件的地区，可采取夏季少种十字花科蔬菜的方法，结合间苗和除草，并及时清洁田园，以减少蚜虫的来源。

②利用银灰膜避蚜。

③药剂防治，50%避蚜雾可湿性粉剂或抗蚜威可湿性粉剂，每亩用10~18克，对水30~50克喷施，此药剂只杀蚜虫，不杀蜜蜂和天敌。

3.堆蜡粉蚧

堆蜡粉蚧为害枝条

［为害症状］

主要为害新梢，附着于枝条边缘，光照不足或照不到的枝条常发生，以啄状口吻插入茎肉吸收营养。

［防治方法］

①用小竹棍绑上脱脂棉或用小棕刷刷去粉蚧，集中灭杀。

②用尼古丁、肥皂水洗刷。

③除火龙果植株开花期外，采用喷洒浇水的方法，可防治堆蜡粉蚧的侵害。

4.金龟子类害虫

[为害症状]

危害火龙果的主要有铜绿金龟子和红脚金龟子，主要为害嫩茎，金龟子类成虫均有假死习性，铜绿金龟子还具有较强的趋光性。

蛴螬

金龟子群集为害花蕾

金龟子群集为害果实

[防治方法]

①人工捕杀，在成虫大量发生期，利用其假死习性予以捕杀，即在早晨或傍晚时人工震动枝条，把落到地上的成虫集中起来，进行人工捕杀。

②诱杀成虫（铜绿金龟子），利用其趋光性，架设黑光灯诱杀成虫。

③药物防治，成虫于春季出土为害，喷洒砒酸铅 200 倍液，并加黏着剂进行防治，大发生时可喷洒 50% 的久效磷 500 倍液或 50% 的乐果乳剂 500 倍液防治。

5. 蜗牛类害虫

[为害症状]

主要为害嫩梢、枝条、花和果实，雨水较多时发生普遍，而且严重，经蜗牛为害的果面变白，影响了果实的商品性。

雨天出来觅食

为害嫩枝

枝条上蜗牛密度大

被为害的枝条

被蜗牛为害过的果面

蜗牛为害幼果

果园养鸭防蜗牛

［防治方法］

①人工捕杀。

②地面撒石灰驱杀。

③喷四聚乙醛或蜗螺一盖净或贝螺杀，建议在雨后、清晨或傍晚进行。

④晴天火龙果植株树头四周撒 1 次蜗螺克（6% 四聚乙醛，颗粒剂），每平方米 40 粒以上。

⑤果园放养一定数量的鸭子消灭蜗牛。

⑥用水煮油茶饼渣，过滤后，将液体喷树消灭蜗牛，并将油茶渣撒在畦面上驱杀蜗牛。

6. 其他有害生物

（1）蚂蚁

蚂蚁在火龙果生产上会对其生长点、新梢、花苞及果实造成伤害。

蚂蚁为害花蕾

［防治方法］

①用饵料来控制蚂蚁种群密度。

②用高效氯氰菊酯 800 倍喷杀。

（2）鸟害

飞鸟为害火龙果也给火龙果生产带来一定的损失。

鸟害果　　　　　　　　　　　　　　　套袋防鸟

驱鸟器驱鸟

【预防方法】

①果实套袋。

②果实成熟期在果园上方铺设防鸟网或防鸟反光彩带。

③在果园架设驱鸟器。

第八章

火龙果贮藏保鲜

一、采后商品化处理

采收后的果实应放在阴凉处，不能日晒雨淋，采收后进行果实初选；按果实的大小和饱满程度分级包装，果实经挑选、分级、清洁、保鲜剂处理、吹干、套网套后，用塑料筐盛装，逐个分层叠放，减少果实在贮运中所受的机械损伤，也可提高果实的商品档次。处理后的火龙果进入冷库，在5℃左右进行低温冷藏。

待处理果实

待清洗果实

清洗果实

选果

包装　　　　　　　　　　　　　　　　　　包装现场

二、包装与运输

　　经过商品化处理的火龙果果实用泡沫网袋套果，礼盒装 4~8 个，单层包装；供给超市和水果店的用特制的纸箱包装，装 2 层，总重量不超过 20 千克。包装过程，轻拿轻放，避免碰伤。运输时，用冷藏车运输，以延长鲜果的货架期。

网络销售果待发货　　　　　　　　　　　　网袋套果

供应大卖场的包装　　　　　　　　　　　　礼品盒包装

火龙果礼盒

叉车装车

三、保鲜

1. 低温冷藏

低温冷藏是热带水果贮藏的主要形式之一。因为低温可以抑制微生物的繁殖，采用高于水果组织冻结点的较低温度可以延缓水果的氧化腐烂。低温冷藏可用在气温较高的季节，以保证果品的全年供应。低温冷藏可降低水果的呼吸代谢、果实的腐烂率。但是不适宜的低温反而会影响贮藏寿命，丧失商品及食用价值。防止冷害和冻害的

保鲜库

关键是按不同水果的习性，严格控制温度，对于某些水果要采用逐步降温方法以减轻或避免冷害。根据 Paull R E 的火龙果贮藏手册，最佳贮存温度为 6～10℃，贮存寿命约为 14 天。大致流程为：火龙果—预处理—吹干—包装—低温冷藏—运输出口。火龙果采后会先筛选，分级，之后用水浸泡清洗去除火龙果表皮的污渍及微生物。预处理过后由于经过水浸泡所以要进行吹干过程，可以让火龙果在常温下自然吹干或用风扇快速吹干火龙果表皮的水分，然后用打孔 PE 包装袋给每个火龙果进行包装及装箱。最后装箱好的火龙果被送到冷风式冷藏库进行低温冷藏，冷藏库的温度要保持在 4～8℃，湿度 85%～95%，火龙果的保质期在 20～25 天。

2. 辐射贮藏

辐射保鲜贮藏就是利用原子能射线的辐射能量对新鲜火龙果进行杀虫、抑制发芽、延迟后熟等处理，从而减少果品的损失，使它在一定期限内不腐败变质。辐射保鲜通常是利用 60Co、137Cs 等辐射出的射线辐照火龙果果实，使其新陈代谢受到抑制，从而达到保鲜目的。大致流程为：火龙果—预处理—吹干—辐射处理—包装—贮藏，运输出口。火龙果采后，先用水浸泡清洗去除火龙果表皮的污渍及微生物。预处理过后，要进行吹干，火龙果经过低压喷气系统快速去除表皮的水分，并彻底清除火龙果顶部隐蔽地方的残留物，保证其达到食品安全标准。接着进行辐射处理，在 5℃下对火龙果进行辐射处理后，在 28～30 天内火龙果的新鲜度和质量都不会下降。辐射处理过后，进行分级、及包装、装箱。新鲜水果的辐射处理选用相对低的剂量，一般小于 3 kGy，否则容易使水果变软并损失大量营养成分。火龙果经过辐射处理后，保质期有效地得到延长，辐射技术是一项新引进的保鲜技术，目前应用不是很广泛。

3. 1–MCP 保鲜

1-MCP 即 1-甲基环丙烯能不可逆地作用于乙烯受体，阻断乙烯的正常结合，从而抑制与乙烯相关的生理生化反应，与传统的乙烯抑制剂 STS 等相比，1-MCP 具有安全、无毒、对环境污染少等特点。研究表明，常温（20℃）下 1-MCP 处理的晶红龙果实存放时间为 11 天左右，而对照为 9 天左右；冷藏（14℃）条件下，1-MCP 处理的晶红龙果实能贮藏 22 天左右、对照则在 17 天左右，而 1-MCP 处理的紫红龙果实能贮藏 16 天左右，对照则在 14 天左右。1-MCP 处理可以减少果实及鳞片的水分蒸发，降低可溶性固形物含量的损失，减缓果肉及果皮碳水化合物的分解，较好地保持了果实在贮藏期的外观和风味，可在一定程度上减缓细胞的衰老死亡，抑制细胞膜相对透性的升高，延长果实在冷藏与常温下的贮藏寿命。因此，1-MCP 处理对延长火龙果果实的贮藏期具有较积极的作用。

4. 热处理贮藏保鲜

对于采后贮藏期间的砖红镰刀菌、黑曲霉和黄曲霉病害，可以使用苯菌灵和氯氧化铜这 2 种杀菌剂混合处理。火龙果是果蝇的寄主之一，因此火龙果的出口需要进行杀虫处理。农业科技人员对火龙果进行了热空气处理研究，越南平顺为了满足水果进口国的生物安全要求，其出口的水果都要采取热处理，然后密封聚丙烯袋中在 5℃ 贮藏 2～4 周。高温短时热处理要求水果的核心温度达到 46.5℃持续时间为 20 分钟、40 分钟，48.5℃ 下持续 50 分钟、70 分钟、90 分钟。试验证明 "平顺" 火龙果只能在 46.5℃ 下的热处理中持续 20 分钟，处理后果实品质与对照果实无明显差异。无论采用热处理与否，火龙果的货架期只有 4 天，如果火龙果未喷洒杀菌剂，20℃ 下炭疽病引起的腐烂将迅速发生。

火龙果加工与利用

一、火龙果冰激凌

火龙果冰激凌

①将去皮的红心火龙果扔进搅拌机，加入牛奶、淡奶油、白砂糖，搅拌成冰激凌液。

②将冰激凌液倒入盆中，送入冷冻仓，冻1个小时后取出用电动打蛋器搅打3分钟，继续冷冻。

③再过1个小时后取出来再次打3分钟至冰激凌体积膨胀即可，继续冷冻，随取随吃。

二、火龙果冰棒

火龙果冰棒

①牛奶加酸奶，加糖和蜂蜜混合。

②火龙果打成泥，加入柠檬汁。

③装入冰棒模，放冰箱冷冻即可。

三、火龙果果酒

①将自己选购的火龙果清洗干净，准备好3：1的冰糖准备好。

②直接剥皮火龙果，把果肉拿出来，全部剥完后，放在盘子中。

③把准备好的容器把火龙果压碎，越碎越好。

④把洗干净的陶瓷坛或玻璃坛准备好。

⑤把弄好的火龙果放入无水无油的玻璃密封罐，一层火龙果，一层冰糖，比例是：1.5 千克火龙果，0.5 千克冰糖（可以多加冰糖，酿制出来的果汁酒会比较甜）。

⑥密封好，等 30 天左右，用滤网把渣滤除，就可以喝了。

火龙果果酒

大型加工工厂　　　　　　　　　　　现代化加工设施

四、火龙果面条

①将红肉火龙果去皮用汤匙掏出果肉，然后用料理机，加一杯水打成汁，加入 2 汤匙盐巴，搅溶解了备用。

② 100 克高筋面粉，分 3 次加入火龙果汁，和成面团。

③放在平板上揉 15 分钟，然后再醒 20 分钟。擀面杖擀成，这样的大面皮，擀面的时候放点面粉在面皮上，以防粘连。

④然后把面皮一反一正的叠起来，然后用刀切成均匀的细条。

火龙果面条

附 录 火龙果果园周年管理工作历
（福建省）

1 月（小寒—大寒）

物候期：树势恢复期。

工作内容：做好果园防寒保暖措施，喷布防冻液；减少浇灌工作，控制用水量。

2 月（立春—雨水）

物候期：树势恢复期。

工作内容：做好果园防寒保暖措施，喷布防冻液；减少浇灌工作，控制用水量。

3 月（惊蛰—春分）

物候期：春梢生长期。

工作内容：开展春季施肥工作，以有机肥为主，配合复合肥（高氮低钾）+尿素，喷施 KH_2PO_3 等叶面肥；做好蜗牛防治工作；做好果园杂草的防治工作；开展果园春季修剪工作，保持通风透光的树形。

4 月（清明—谷雨）

物候期：春梢生长期、花芽分化期。

工作内容：做好高接换种和新园定植工作；做好蜗牛防治工作；做好果园杂草的防治工作；做好新枝条的培养工作。

5 月（立夏—小满）

物候期：开花期、花芽分化期。

工作内容：做好蜗牛防治工作；做好新枝条的培养工作；做好促花蕾工作。

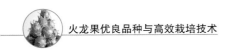

6月（芒种—夏至）

物候期：果实膨大期、花芽分化期。

工作内容：开始有台风出现，做好台风防范工作；老果园做好溃疡病的防控工作；做好蜗牛防治工作；做好果园杂草的防治工作；开展夏季施肥工作，以有机肥为主，配合复合肥（高氮低钾）+尿素；做好火龙果的疏花蕾、疏花、疏果、套袋、采收工作。

7月（小暑—大暑）

物候期：采收期、花芽分化期、幼果期、果实膨大期。

工作内容：继续做好台风的防范工作；台风暴雨，继续做好排灌系统，防止积水；有花的雨夜，做好花朵的保护工作，防止花粉被雨水冲走，影响正常授粉；做好火龙果的疏花蕾、疏花、疏果、套袋、采收工作；适当补充钾肥和氨基酸肥；做好金龟子防治工作；做好枝条的防晒工作，防止出现日灼病现象发生。

8月（立秋—处暑）

物候期：采收期、花芽分化期、幼果期、果实膨大期。

工作内容：继续做好台风的防范工作；台风暴雨，继续做好排灌系统，防止积水；有花的雨夜，做好花朵的保护工作，防止花粉被雨水冲走，影响正常授粉；做好枝条的防晒工作，防止出现日灼病现象发生；做好火龙果的疏花蕾、疏花、疏果、套袋、采收工作；适当补充钾肥和氨基酸肥。

9月（白露—秋分）

物候期：采收期、花芽分化期、幼果期、果实膨大期。

工作内容：继续做好防台风工作；做好火龙果的疏花蕾、疏花、疏果、套袋、采收工作；做好枝条的防晒工作，防止出现日灼病现象发生；开展秋季施肥工作，以有机肥为主，配合复合肥（低氮高钾）；适当补充钾肥和氨基酸肥。

10月（寒露—霜降）

物候期：采收期、幼果期、果实膨大期。

工作内容：本月台风较少，对台风毁坏的果园设施进行修复；做好火龙果的疏花蕾、疏花、疏果、套袋、采收工作；适当补充钾肥和氨基酸肥。

11 月（立冬—小雪）

物候期：采收期、果实膨大期。

工作内容：做好果实的采收工作；做好果园的防寒过冬工作；适当补充钾肥和氨基酸肥。

12 月（大雪—冬至）

物候期：末批果采收。

工作内容：做好末批果采收和采后整枝、修剪工作；做好冬季施肥工作，以有机肥为主，配合复合肥（高氮低钾）＋尿素；减少浇灌工作，控制用水量；做好果园防寒保暖措施，喷布防冻液。

参考文献

邓红生，赖相铭，卢戈甫，等．2005.绿色食品火龙果栽培技术［J］．广东农业科学（1）：83-85.

方百富，潘小利，王增建．2005.仙蜜果生物学特性的观察［J］．杭州农业科技，（3）：17-18.

郭翠英，许建明．2003.仙蜜果栽培与加工［M］．北京：金盾出版社．

郭见明，郭见早，李莉．2003.黑刺粉虱发生规律及防治的探讨［J］．茶业通报，25（2）：75.

Ha Khiet Nghi，刘宝林，Nguyen Van Luu，等．2011.越南火龙果冷藏现状分析［J］．制冷技术，39（4）：40-42，52.

胡子有，李立志，邓俭英，等．2011.花粉直感对火龙果果实品质的影响［J］．广东农业科学（18）：38-40.

胡子有，梁桂东，黄海生，等．2011.人工授粉与自然授粉对火龙果果实发育和产量的影响［J］．广东农业科学（13）：39-41.

解开治，李朋星，徐培智，等．2011.火龙果早结丰产栽培技术［J］．广东农业科学（3）：46-47，62.

李金强，袁启凤．2009.火龙果授粉技术研究进展［J］．江苏农业科学（4）：188-189.

李润唐，黄应强，张映南，等．2009.湛江市火龙果绿色食品栽培技术［J］．广东农业科学（3）：175-176.

李润唐，张映南，李映志，等．2007.火龙果引种栽培［J］．中国南方果树，36（3）：35-36.

李升锋，刘学铭，吴继军，等．2003.火龙果的开发与利用［J］．食品工业科技（7）：88-90.

李仕品，韦茜，高安辉，等．2004.火龙果育苗技术［J］．广西园艺，15（5）：50-51.

梁桂东，胡子有，李立志，等．2011.人工授粉对火龙果果实发育的影响［J］．广西植物，31（6）：813-817.

林正忠，郭韦柏，蔡叔芬．2006.台湾红龙果病害［J］．丰年，56（2）：38-42.

欧阳敏枝．潘建君．2007.火龙果无公害栽培技术［J］．广东农业科学（4）：92-93.

齐清琳．2004.不同品种火龙果引种栽培比较试验［J］．福建林业科技（4）：48-50.

师迎春，张芸，胡铁军．2003.菜田蜗牛防治技术［J］．蔬菜（7）：17.

王彬，郑伟，韦茜，等．2004.火龙果的保健价值及发展前景［J］．广西热带农业（3）：19-21.

王彬，郑伟．2004.火龙果在贵州南亚热带地区的发展前景［J］．福建果树（1）：36-38，

王俊宁，邓科禹，李润唐，等．2011.采收期对火龙果果实品质及贮藏特性的影响［J］．贵州农业科学，39（4）：170-173.

王群光．1999.仙蜜果的魅力［M］．台湾：台湾仙蜜果有限公司．

韦茜，蔡永强，钟杰，等．2007.火龙果炭疽病药效筛选试验［J］．安徽农业科学，35（10）：2999-3000.

谢志亮，吴振旺．2012.火龙果生物学特性与品种介绍［J］．温州农业科技（1）：42-44.

薛卫东，王阿桂．2002.3个火龙果品种引种栽培初报［J］．中国果树（4）：26-28.

颜昌瑞．2002.新兴果树栽培农业推广手册［M］．台湾屏东：国立屏东科技大学农业推广委员会编印．

袁诚林，张伟锋，袁红旭．2004.粤西地区火龙果病虫害调查初报及防治措施［J］．中国南方果树，33（2）：49-50.

张娜．李家政，关文强，等．2010.火龙果生物学及贮运保鲜技术研究进展［J］．北方园艺（1）：229-231.

张居伟，董继生，董桂萍，等．2008.火龙果新品种长龙果的选育与温室栽培技术要点［J］．落叶果树（1）：31-32.

张绿萍，金吉林，邓仁菊．2011.1-MCP对火龙果采后贮藏品质的影响［J］．广

东农业科学（5）：114-116.

郑伟，蔡永强，戴良英．2007.火龙果病虫害的研究进展［J］.贵州农业科学，35（6）：139-142.

郑德剑，孙祖雄，唐新海，等．2012.防城港市火龙果主要病虫害及防治对策［J］.中国南方果树，42（3）：89-91.

郑良永，钟宁．2006.雷州半岛火龙果高效栽培技术［J］.广东农业科学（3）：76-78.

郑良永．2004.海南岛火龙果丰产栽技术［J］.热带农业科学，24（4）：36-41.

郑文武，刘永华．2008.我国火龙果生产现状及发展前景［J］.中国热带农业（3）：17.

钟声，陈广全，曾祥有，等．2012.红肉火龙果的引种表现及配套栽培管理技术［J］.中国南方果树（1）：80-82.